CULTURE DU POMMIER

CULTURE
DU POMMIER

DES HERBAGES ET DE LEURS CLOTURES

PLANTATION ET ÉBRANCHAGE DES ARBRES A HAUTE FUTAIE

CONSEILS D'UN PRATICIEN

PAR

HIPPOLYTE LACAILLE

HORTICULTEUR A FRICHEMESNIL, PAR CLÈRES (SEINE-INFÉRIEURE)

Membre honoraire et lauréat de la Société centrale d'horticulture
de la Seine-Inférieure,
Membre fondateur et lauréat de l'Association pomologique de l'Ouest.

*Cet ouvrage, qui a reçu la médaille d'argent du Ministère de l'agriculture
à l'Exposition du Congrès de l'Association pomologique de l'Ouest
en 1884, a été revu et considérablement augmenté par l'auteur.*

ÉVREUX

IMPRIMERIE DE CHARLES HÉRISSEY

—

1886

INTRODUCTION

Je cultive le pommier depuis trente-cinq ans, et j'ai pu me convaincre, pendant ce long temps d'études et d'observations, que les modes de culture, les soins intelligents donnés à cet arbre, étaient autrefois supérieurs aux procédés actuels. Il existait encore, il y a trente-cinq ou quarante ans, des pommiers d'un diamètre considérable, produisant 25 à 30 hectolitres de pommes. A mon estimation, ils comptaient de cent à cent vingt ans ; mais ils ont presque tous disparu dans l'espace d'une vingtaine d'années : quelques-uns, usés par l'âge ; le plus grand nombre frappés par un ébranchage exercé sans sagesse et sans mesure. Cet élagage, aujourd'hui devenu de mode, enlève souvent aux arbres des maîtresses branches, et il est une des causes les plus fréquentes de la mort des pommiers.

Les plaies les plus légères, que cet arbre peut arriver difficilement à recouvrir, même dans sa jeunesse, deviennent inguérissables lorsqu'il atteint un certain âge.

A mon avis, il est indispensable, pour obtenir des sujets sains, vigoureux et productifs, d'éviter les plaies trop considérables causées par un ébranchage excessif, ou par de mauvais procédés de greffe.

Je ferai donc, dans cette étude, la critique développée des procédés suivis jusqu'à ce jour, et j'indiquerai quelles sont, suivant mon expérience, les méthodes les meilleures à appliquer à la culture du pommier.

Je traiterai également, à la fin de ce travail, la question de l'ébranchage des arbres de haute

futaie, qui me paraît pratiqué dans des conditions très défectueuses.

Je dirai aussi un mot des herbages et de leurs
clôtures.

Mais, avant d'entrer en matière, je récla-
merai la bienveillante indulgence du lecteur.
Modeste horticulteur, j'ai cherché surtout à être
clair, à résumer les observations d'une longue
pratique, sans avoir la prétention de les exposer
dans un style correct et à l'abri de tout
reproche.

H^{te} LACAILLE.

CULTURE DU POMMIER

PREMIÈRE PARTIE

DE LA MULTIPLICATION DU POMMIER

Le pommier doit se multiplier de préférence par semis. Les plus beaux plants se trouvent dans les départements de l'Eure et de la Somme, soit que les habitants les cultivent mieux, ou que la terre leur convienne davantage.

DU CHOIX DES GRAINES DE POMMIER

Pour obtenir de bonnes graines, il est utile de choisir des pommes bien développées, prises sur des arbres très vigoureux. On devra laisser les pommes à l'arbre le plus longtemps possible. Après les avoir cueillies, on aura soin de les mettre sous un abri ouvert, en tas peu épais, pour n'en extraire le pépin qu'à la maturité la plus complète. La graine est séparée du marc ou pulpe avec un tamis en fil de fer; puis, remuée plusieurs fois dans un vase rempli d'eau, elle tombe au fond pendant que le marc très fin dont elle n'était pas débarassée, monte à la surface. On renverse le vase pour en chasser l'eau et le marc; et le pépin recueilli est mis à sécher à l'ombre, pour être ensuite placé à l'abri des souris.

DE LA STRATIFICATION

La stratification, opération qui doit avoir lieu dès les premiers jours de mars, consiste à faire germer la graine, avant de la confier à la terre.

Dans ce but, la graine sera mise dans l'eau pendant deux heures environ ; puis l'opérateur prendra une manne d'osier clair assez longue pour que les pépins puissent y être étendus en une seule couche de 0^m10 a 0^m12 d'épaisseur, reposant sur un lit d'étoupe ou de ouate de 0^m03 de hauteur; le tout sera recouvert d'une couche d'étoupe non pressée.

La graine, ainsi préparée, sera placée dans une pièce à température moyenne : elle devra être toujours entretenue en état d'humidité suffisante, et préservée de toute fermentation.

Pour éviter cet inconvénient, il suffira de remuer à la main les graines tous les trois ou quatre jours. La germination se produira au commencement d'avril. Dès que le germe aura atteint 0^m005 à 0^m010 mill. de longueur au plus, il sera nécessaire de le mettre en terre sans aucun retard. Pour recouvrir la graine, on se servira d'un rateau à dents droites et écartées de 0^m05 au moins, pour ne faire qu'un hersage, en long et en travers, puis on aura soin de jeter sur le sol une petite couche de fumier court et léger, afin que la terre ne soit pas trop battue par l'eau.

Enfin, il sera utile de sarcler fréquemment pour enlever les mauvaises herbes. Le semis fait à la volée présente l'avantage d'être plus vite terminé et la graine est moins exposée au ravage des petits rongeurs. Ces animaux, au contraire, lorsque les semis sont en lignes, les suivent et dévorent bien plus facilement la graine. J'ai pu maintes fois constater cet inconvénient.

PRÉPARATION DU SOL

POUR RÉUSSIR LES SEMIS

On devra laisser en jachère la partie de terrain qu'on veut ensemencer, et la fumer deux fois pendant la saison d'été, aux mois de mars et de septembre, en la maintenant en bon état de culture.

Si on ne pouvait se procurer les engrais nécessaires à la deuxième fumure, on devrait la reporter au mois de mars de l'année suivante, mais à la condition d'employer un fumier bien fait et léger.

Quelle que soit l'époque à laquelle ait été effectuée la dernière fumure, on sèmera en avril de la seconde année, après un labour à la bêche fait de beau temps. Le semis devra être assez clair pour éviter que le plant ne s'étiole. Si, malgré cette précaution, le semis est encore trop serré, lorsqu'il aura donné deux belles feuilles, il devra être éclairci de telle façon que la distance moyenne soit entre chaque plant, de 0^m10 environ. Dans un semis bien fait, le mètre carré de terrain ne doit pas contenir plus de 100 à 110 sujets.

Il faut éviter, en outre, avec soin, de semer trop près d'une banquette ou d'un fossé ; ce voisinage offrirait un abri aux loirs et aux mulots, et leur permettrait d'exercer trop facilement leurs ravages.

DE L'EMPLACEMENT D'UNE PÉPINIÈRE

Le choix de l'emplacement d'une pépinière demande à être fait avec un soin particulier, car tous les terrains ne sont pas propres à cet usage. On choisira de préférence une bonne terre à blé, à sous-sol perméable, bien exposée au grand air, exempte d'humidité, présentant une couche végétale d'environ 0^m40 de profondeur, et en pente, s'il est possible.

Dans ce dernier cas, la pente du nord au sud, ou de l'ouest à l'est, devra être recherchée. Tout terrain se divisant mal , et qui serait entier et lourd, doit être écarté, car son humidité aurait pour effet de développer sur le plant des mousses ou lichens et de nombreux chancres.

Il est donc essentiel de choisir une terre argilo-sableuse, tendre et facile à travailler. Le sol des bois taillis défrichés, quand il est de bonne nature, répond plus particulièrement à ces exigences. Il renferme, en effet, une grande quantité de feuilles et de mousse qui activent et facilitent la végétation.

La légèreté du sol est, en résumé, la première qualité à rechercher dans le terrain destiné à l'établissement d'une pépinière. Ce serait une erreur de croire que, pour avoir des bons arbres, il vaut mieux les cultiver dans un mauvais sol et leur donner peu de soins. Il en est du règne végétal comme du règne animal; dans la jeunesse, la nourriture abondante, la grande propreté et le grand air, sont les conditions essentielles d'un heureux développement.

PRÉPARATION DU SOL

La préparation du sol est une opération à laquelle il importe de procéder avec soin.

Si la terre est forte, il serait bon de la marner à raison de 30 à 40 mètres cubes à l'hectare, une année à l'avance, avant ou pendant l'hiver, afin que la gelée calcine les blocs de marne et leur permette de mieux diviser le sol.

Ensuite, un défoncement sera pratiqué soit au printemps, soit à l'automne qui suivra ce marnage.

La couche arable devra être défoncée dans toute sa profondeur, et on évitera avec soin, dans ce travail, de ramener à la surface aucune partie des terrains du sous-sol.

Le défoncement se fera par tranchées de 0^m60 à 0^m80 de largeur ; on enlèvera complètement la couche de terre végétale extraite de chaque tranchée en la plaçant sur la tranchée précédente. On procédera ensuite, sans faire de mélange fâcheux entre les deux natures de terrain, au défoncement également nécessaire du sous-sol à 0^{m}30 ou 0^{m}35 de profondeur ; le sous-sol ainsi ameubli, au moyen d'un labour sans enlèvement, permettra aux eaux de s'infiltrer rapidement, et aux racines de se développer avec plus de facilité. Il serait avantageux, avant de rejeter dans la tranchée la terre arable, d'étendre sur le sous-sol une couche de 0^{m}10 de joncs-marins ou de ronces ; cette adjonction aurait pour effet d'assainir encore le terrain et de le rendre plus léger.

Le défoncement ainsi terminé, **on répandra**, de préférence, avant la plantation, une nouvelle couche de marne de 30 mètres cubes à l'hectare, et même de 40 mètres cubes, dans le cas d'une forte fumure.

DU CHOIX DU PLANT,

DE LA PLANTATION ET DES DISTANCES A OBSERVER

Il faut avoir soin de choisir un beau plant. bien *corsé*, c'est-à-dire gros et court. Les lignes de la pépinière doivent avoir entre elles un écartement de 1^{m}20 afin que les pommiers puissent prendre un développement suffisant.

Si cette distance n'était pas observée, on obtiendrait des sujets peu robustes, et qui, au moment de la plantation ne seraient point assez bien constitués pour résister à la violence des vents, et à l'isolement qui résultera pour eux de la plantation à grande distance dans les herbages. Cette faiblesse exigerait, en outre, une culture plus suivie et très attentive ; elle rendrait indispensable, pendant un plus long temps, l'entretien coûteux d'armures destinées à les protéger contre l'atteinte des bestiaux. Il est donc nécessaire, puisque le pommier est d'une reprise facile, de planter des sujets mesurant au moins 0^{m}14, 0^{m}16, et 0^{m}18 de circonférence. Il conviendrait même de s'arrêter de préférence à cette mesure plus élevée. Le produit de la pépinière sera, il est vrai, moins considérable, mais, par contre, la réussite de la plantation sera complète et son produit se fera moins longtemps attendre.

L'écartement des sujets, donnant une prise

facile aux vents, rendra leur développement moins rapide et leur tige moins droite ; mais, au bout de quelques années, les arbres auront le pied plus fort et la tête plus belle.

Il y a donc intérêt à planter à une distance suffisante, soit à raison de 0^m80 entre chaque arbre sur des lignes espacées de 1^m20. Si, à raison de l'étendue du terrain réservé à la pépinière, il n'a été possible d'en défoncer que la moitié, on pourrait placer la totalité du plant dans la partie préparée, afin de gagner du temps. Voici comment il conviendrait de procéder.

On mettra sur les lignes qui doivent rester intactes, les sujets les plus forts aux distances indiquées, ci-dessus ; puis on placera à égale distance entre ces lignes, soit à 0^m60, les plants les plus petits qui seront espacés entre eux de 0^m40. Cette mise en place provisoire suffira largement à assurer la plantation définitive dans la partie de pépinière restée en friche ou en culture de céréales, et à faire les remplacements utiles.

Avant de mettre le plant en terre, on devra en préparer les racines. S'il n'en a qu'une, appelée pivot, il faudra la raccourcir à 0ᵐ12 du collet, en faisant une coupe très courte; on peut procéder à cette opération avec un sécateur bien tranchant; mais la serpette est préférable.

Si les racines sont multiples, on rafraîchira la plaie de chacune d'elles par une coupe bien faite, pour faciliter l'émission de nouvelles racines et le recouvrement de cette plaie. On plantera d'abord les tiges qui ont des racines multiples, puis on repiquera au plantoir celles qui n'en ont qu'une, en ayant soin que le collet se trouve toujours au niveau du sol et la racine bien serrée en terre. Tous ces plants doivent être rabattus, après la plantation, à 0ᵐ30 ou 0ᵐ35 de hauteur, afin que le grossissement se fasse plus tôt et que les ramifications produites au-dessous de la partie rabattue ne soient pas trop éloignées du point où la greffe sera posée, c'est-à-dire de 0ᵐ08 à 0ᵐ12 au dessus du sol. Au commencement de juillet, on prépare tous les sujets qui devront être écussonnés, en enlevant les pousses depuis le sol jusqu'à 0ᵐ15 de hauteur.

DE LA GREFFE

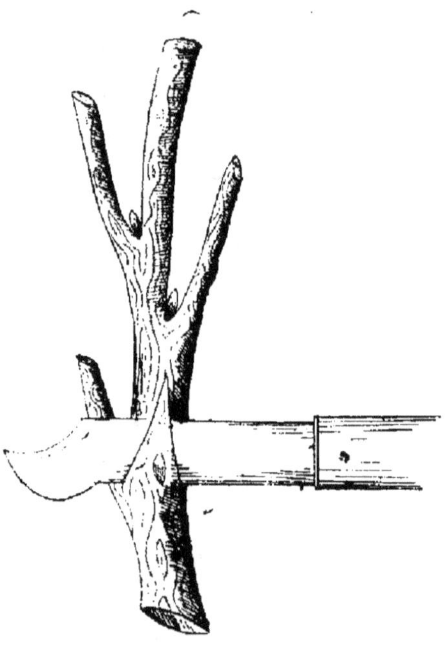

FIG. 1. — Greffon.

Si tous les genres de greffe sont bons, leur emploi doit être déterminé avec soin. Ainsi, pour les greffes à pied, l'écusson à œil dormant est préférable ; cette greffe est la plus simple et la plus expéditive : on commence par couper une pousse de l'année qui a été éboutée huit ou dix jours avant, ou, mieux encore, celle qui a son bouton terminal afin que la branche soit bien aoûtée.

On donne à cette branche le nom de greffon ; après l'avoir détachée, on coupe les feuilles vers la moitié ou les deux tiers du pétiole ; car, sans cette précaution, les feuilles, continuant leur absorption, altéreraient le greffon.

Ainsi préparés, les greffons se conservent bien ; et, privés de soleil et à l'abri du trop grand air, on peut encore les garder quelques jours en les mettant tremper debout dans 0^m03 ou 0^m04

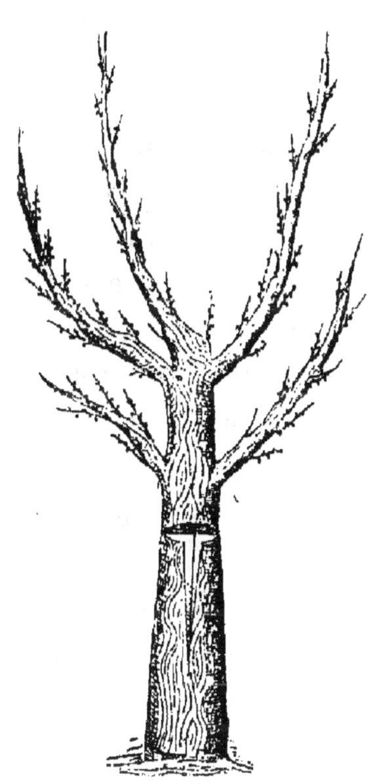

Fig. 2, — Sujet à greffer.

d'eau, à l'ombre ; ou mieux, dans une boîte de fer blanc, avec de la mousse humide légèrement tassée.

DE LA GREFFE EN ÉCUSSON

A ŒIL DORMANT

Pour cette opération, on commence par faire une coupe transversale sur le sujet et une coupe longitudinale à partir de la transversale, (fig. 2), en descendant de la longueur qu'on veut donner à l'écusson, environ 0^m03. On soulève les deux côtés de l'écorce avec la spatule du greffoir, on lève l'écusson, en passant la lame du greffoir obliquement de haut en bas, avec précaution, entre l'écorce et l'aubier, sans enlever de bois, excepté le germe de l'œil. Le greffoir éprouve [quelquefois à ce passage un peu de résistance ; il faut donc retenir l'instrument pour que la lame passe bien entre l'aubier et l'écorce, (voir fig. 1). Dans le cas contraire, l'opération devrait être recommencée. Puis, on introduit la greffe dans la fente longitudinale du sujet en ayant soin de faire toucher le haut de l'écusson à la coupe transversale ; si l'écusson dépasse cette coupe, on le taillera, une fois posé, à

la hauteur de la coupe transversale. Enfin,
on fait une ligature, pour empêcher les
deux lèvres de se relever, et pour que l'écusson soit bien adhérent sur l'aubier du sujet,
en ayant soin que la ligature n'entre pas dans
la coupe transversale, ce qui arrêterait la sève
descendante. (On emploie de préférence aujourd'hui pour cette ligature, le raphia ou fibre
du Japon qui coûte moins cher que la laine.)
Ce genre de greffe est préférable. puisqu'elle
doit s'effectuer, dans une saison où la végétation est tellement vigoureuse que son application est facile et ne saurait nuire au
développement du sujet. Elle se fait pendant
le mois d'août; même à partir du 15 juillet,
quand le nombre des plants à greffer est considérable. Dans ce cas, il conviendra de com-
mencer par les sujets moins vigoureux.

Il importe que les sujets et les greffes
entrent en végétation à la même époque. Le
sujet hâtif, greffé avec une espèce tardive,
produirait en effet de nombreux gourmands;
la greffe hâtive, placée sur un sujet tardif,
souffrirait dans son développement.

Il arrive quelquefois, lorsque la saison est

trop humide que la sève descendante ne s'épaissit pas suffisamment. Elle ne produit pas de *cambium*, substance qui forme la soudure naturelle de la greffe; et, s'il ne s'est opéré qu'un collage, l'écusson meurt avant la chute des feuilles, ou au printemps suivant.

DE LA GREFFE EN COURONNE

Si l'opération précédente était manquée, on aurait recours à la greffe en couronne, l'année suivante, en avril ou au commencement de mai. Cette opération est plus longue, et ne réussit pas facilement par la pluie et par le froid. Elle exige une plus grande quantité de greffes, dont la bonne qualité peut seule assurer le succès.

Fig, 3.

Greffe en couronne.

Pour opérer la greffe en couronne (Voir la fig. ci-contre n° 3), on rabattra le sujet par une section légèrement oblique, afin que l'eau s'écoule facilement de la surface. On fera ensuite une incision longitudinale d'environ 5 à 6 centimètres de longueur, à partir du sommet, sur l'écorce du sujet, sans endommager l'aubier et on soulèvera l'écorce de chaque côté pour y introduire la greffe (voir la fig. 3). Cette greffe sera taillée en bec de flûte, sur une longueur de 5 centimètres. On réservera un œil derrière la taille, et on pratiquera un cran à la partie supérieure de l'entaille, de manière que la greffe s'applique exactement sur l'aubier, le long du sujet. Avant de la poser, on aura soin de la rabattre, au-dessus du troisième œil, à partir du cran.

La ligature sera faite avec du raphia ou de la pelure d'osier qu'on aura mis à tremper pendant une heure au moins, et l'on enduira avec du mastic à greffer toutes les parties mises à découvert : le collet de la greffe, et, par-dessus la ligature, la fente faite pour la poser.

L'extrémité de la greffe sera elle-même cachetée, à moins qu'elle ne porte un bouton terminal.

DE LA GREFFE EN FENTE

La greffe en fente faite à pied doit être rayée des cultures ; elle endommage le sujet trop près des racines. Elle ne doit être pratiquée que sur les branches d'arbres à haute tige ; car dans ce cas, la fente ne se fait pas directement sur le canal médullaire de la tige. Grâce à cette méthode, la plaie pourra se recouvrir dans la même année, si les branches ne sont pas grosses. et la greffe offrira plus de résistance à l'action du vent.

Si les branches du sujet à greffer sont fortes, on doit mettre deux greffes sur chaque branche. On prendra soin, pendant la végétation, de protéger celle qui aura pris plus de développement, soit par un tuteur simple, soit avec une branche d'arbre ayant des ramifications qui servent de tuteur, soit encore en posant une baguette en forme de cerceau dont les deux extrémités sont attachées à la branche au-dessous de la greffe ; puis on éboutera l'autre greffe, afin qu'elle ne nuise pas trop au développement de celle qui doit rester. Pendant les deux premières années, on réduira la greffe déjà éboutée, en lui laissant seulement une ou deux branches pour y entretenir la vie. Dès que la plaie aura été recouverte, on la fait disparaître ; car, si on laissait deux greffes sur une branche, elles pourraient éclater sous le poids des récoltes, ce qui compromettrait la vie même de l'arbre.

En résumé, l'on n'aura recours à la greffe en fente, que si la saison pendant laquelle est applicable la greffe en couronne, ne suffit pas pour greffer tous les sujets de haut vent.

Certains pépiniéristes greffent le pommier au pied, au bout de deux à trois ans de plantation ; ils ont ainsi des jets vigoureux et droits qui deviennent par la suite de beaux arbres. Mais ce procédé, avantageux en apparence, offre les plus grands inconvénients : au moment de la vente, la greffe n'est pas encore recouverte chez la moitié des sujets, et beaucoup d'entre eux meurent avant quarante ans. S'il est vrai que ces arbres doivent vivre un siècle, il faut attribuer cette mortalité plutôt à la greffe en fente à pied, qui détermine fréquemment la pourriture des racines, qu'aux ravages des vers blancs et de la gelée.

Dans certaines contrées, on élève des tiges de sauvageon dont on coupe la tête, et on les greffe en fente le plus souvent; cette opération est des plus vicieuses; elle détériore immédiatement le sujet, et la blessure produite par la greffe ne peut être recouverte avant trois ou quatre ans. Si, après huit à dix ans, la cicatrisation n'est pas complète, elle n'aura jamais lieu. Alors il est facile d'introduire une lame de couteau dans le tronc par la fente de la greffe, et d'atteindre la moelle du pommier déjà cariée. Les inconvénients seraient moins graves, si, au lieu de greffer sur le tronc, la greffe était faite sur les branches de la tête du sauvageon, comme il a été dit précédemment.

DE LA CUEILLE DES GREFFES,

ET DE LEUR CONSERVATION

Pour obtenir ce résultat, on coupera les greffes de décembre en février, en choisissant les pousses de l'année les mieux constituées; puis on les enterrera couchées obliquement daus un *terrain sain et à l'ombre*, en laissant sortir quelques centimètres de l'extrémité supérieure, et on ne les retirera qu'au moment de s'en servir.

Si on voulait les faire voyager, il faudrait les emballer avec soin; voici le moyen de procéder :

On détrempe une petite quantité de terre très fine que l'on convertit en boue assez claire pour qu'elle se fixe bien; on plonge, plusieurs fois, la base de chaque paquet, dans cette boue, puis on entoure le paquet de mousse légèrement humide que l'on recouvre de gros papier, ensuite on entoure le tout de paille longue afin que les greffes ne puissent être excoriées; dans cet état elles peuvent voyager longtemps pendant le repos de la végétation et même encore au moment du greffage.

SOINS A DONNER AUX POMMIERS

ÉCUSSONNÉS A PIED

Lorsque la greffe en écusson est faite depuis trois ou quatre semaines, il faut avoir soin de desserrer la ligature, et même de l'enlever si la soudure est faite. C'est à ce moment, en effet, que le grossissement a lieu. Sans cette précaution, il se produirait une strangulation qui détériorerait la greffe, et pourrait en déterminer la pousse avant l'hiver. Cette végétation tendre et prématurée l'exposerait à mourir aux premières gelées, puis cette strangulation est une entrave à la circulation de la sève.

RABATTAGE SUR LES ÉCUSSONS

Fig. 4.
Écusson repris.

En février ou mars suivants, afin de faire développer la greffe, on rabattera les sujets à 0^m,08 ou 0,10 au-dessus de l'écusson. La partie de tige ainsi réservée, appelée onglé, devra être soumise à une coupe très longue qui s'effectuera du côté de l'œil, de façon à laisser intacte au-dessus de celui-ci une hauteur de tige de 0^m,03. (Voir la fig. 4). Cette entaille a pour but d'empêcher, au-dessus de la greffe, la pousse de nombreux boutons qui nuiraient à son développement.

Cette hauteur (d'onglé), doit servir de tuteur ou de point d'attache à la greffe qui, si elle n'était point soutenue, pourrait éclater sous l'effort du vent pendant la végétation. (Voir fig. ci-contre.)

On devra enlever avec soin toute pousse qui se produirait sur l'onglé, afin que rien ne concourre à son grossissement, et que lors, de son enlèvement, la plaie soit la moins grande possible ; toutefois, pour ne pas le faire mourir, on laissera un petit bourgeon vers l'extrémité de cet onglé. (Voir fig. 5).

Les soins à donner à la tige au-dessous de l'écusson sont différents : on laissera pousser quelques jeunes branches jusqu'à 0^m,12 ou 0^m,15 de longueur, on les éboutera ensuite sans les enlever entièrement, puisqu'elles doivent concourir au grossissement du sujet et au développement de la greffe. Il sera également nécessaire de préserver les arbres de l'envahissement des pucerons, qui en arrêtent la

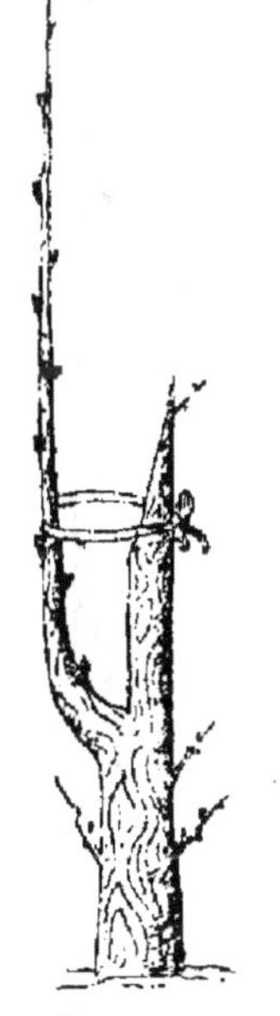

FIG. 5.
Écusson d'un an

végétation et déterminent souvent le dessèchement de l'extrémité des branches.

On emploie avec succès, contre ces insectes,
le jus de tabac, qu'on se pro-
cure dans les manufactures de
l'Etat. Il s'emploie, de préférence par un temps humide et
couvert, mélangé avec de l'eau
dans la proportion d'un ving-
tième, au moyen de seringue à
jet de côté, dite seringue Bon-
neau; cet instrument paraît
être le plus pratique et le moins
dispendieux. (Fig. 6).

A la chute des feuilles, il
sera bon de retirer les branches laissées au-dessous de la
greffe. Au commencement de
la deuxième année, à la taille de
l'hiver, on enlèvera l'onglé de
chaque arbre, en cachetant soigneusement la plaie avec du

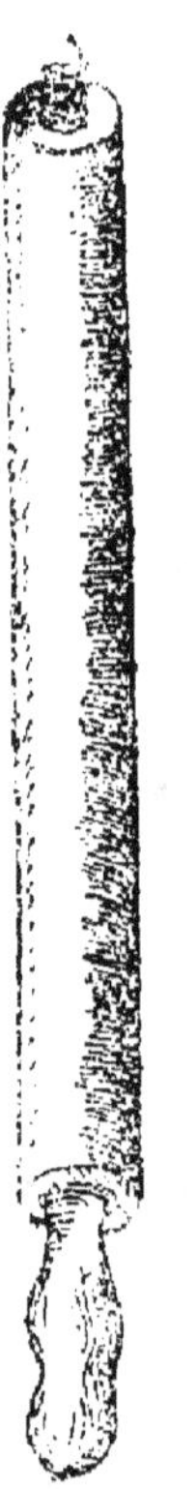

Fig. 6. — Seringue
à jet de côté.

mastic à greffer. (Le plus em-
ployé est celui de Lhomme Lefort qui se trouve
chez tous les grainetiers); on laisserait toutefois pendant un an encore ceux des onglés qui

seraient trop gros, et dont l'enlèvement causerait une large plaie ; on se bornera à entretenir seulement chez eux la vie par un petit
bourgeon de deux à trois feuilles, qui sera
ébouté pendant l'été. Ce traitement aura pour
effet d'amoindrir l'importance relative de la
plaie, et de permettre d'enlever l'onglé sans
inconvénient au mois de mars de la troisième
année.

La moitié seulement de la pépinière a-t-
elle reçu la totalité des plants, comme il a été
indiqué plus haut? il est loisible de planter
définitivement les sujets placés provisoirement sur les lignes intermédiaires, soit après
un an, soit après deux ans de greffe.

Les greffes de deux ans ont l'inconvénient
de gêner le plant mis en place, d'épuiser le sol,
et elles sont exposées elles mêmes à être plus
ballottées par les vents lors de la plantation;
par ce fait, elles auront une reprise moins as-
surée.

SOINS A DONNER

AUX JEUNES GREFFES

Sur la greffe en écusson d'un an, il faut

se borner à enlever l'onglé et les ramifications au-dessous de la greffe, en septembre
et octobre, ou en février et mars. Sur les greffes
de deux ans, s'il y a des ramifications qui
prennent trop de développement en grosseur,
pour éviter de faire des grandes plaies, on les
diminuera de la moitié de leur longueur ; puis
on enlèvera tous les bourgeons moins un à
l'extrémité, qu'on éboutera souvent. Ces opé-
rations ont pour but d'empêcher la branche de
grossir, pendant que la tige se développe.

A la troisième ou quatrième année, quand
la tête se forme, on coupe, pendant le repos de
la végétation, les plus grosses branches qui
garnissent la tige, en laissant toutes les petites
et les moyennes ; l'année suivante, on ôtera
toutes les ramifications, depuis le sol jusqu'au
milieu de la tige, et après un nouvel intervalle
d'un an, on enlèvera le reste des ramifications
jusqu'aux branches qui forment la tête ; enfin,
on aura toujours soin de recouvrir de mastic à
greffer toutes les plaies qu'on fera au pommier.

Il faudra continuer pendant l'été l'éboute-
ment des branches latérales, qui tendent à
prendre trop de dimension, et même, ébour-
geonner sévèrement les plus fortes.

DE LA HAUTEUR DES TIGES

Les meilleurs procédés à suivre dans la culture du pommier sont malheureusement peu répandus ; il faut attribuer cette situation à la préférence accordée aux sujets de trop haute tige. Elle est contraire à la nature même de l'arbre (simple arbrisseau à l'état sauvage) que nous élevons en tige, seulement pour la commodité de nos cultures. Plus nous obtenons de hauteur de tige, plus nous contrarions sa végétation.

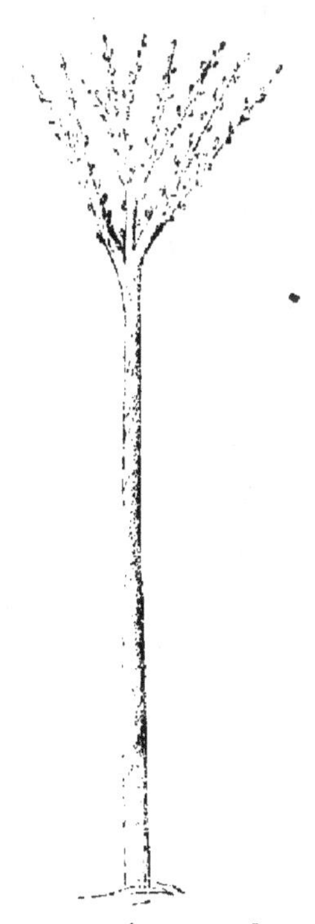

Fig. 7. — Tige trop haute.

L'arbre pousse moins *corsé;* ses branches sont grêles et retombent vers le sol ; cela est si vrai que dans une plantation de pommiers d'un

certain âge, les plus beaux et les mieux constitués sont ceux dont la tige est la plus basse.

L'expérience démontre qu'il faut adopter
comme hauteur moyenne de l'arbre, 1^m70 à
1^m80, sous la première
branche; à cet effet, le
scion qui doit constituer
la tige sera rabattu à 1^m80
ou 1^m90 de hauteur.

Les trois ou quatre pre-
mières ramifications qui
pousseront sur la partie
de la tige, comprise entre
les deux hauteurs 1^m80
et 1^m90, seront elles-
mêmes taillées, l'hiver
suivant, à 0^m30 ou 0^m40.

Elles constitueront la
prolongation de la tige du
pommier, qui, à ce mo-
ment, devra représenter

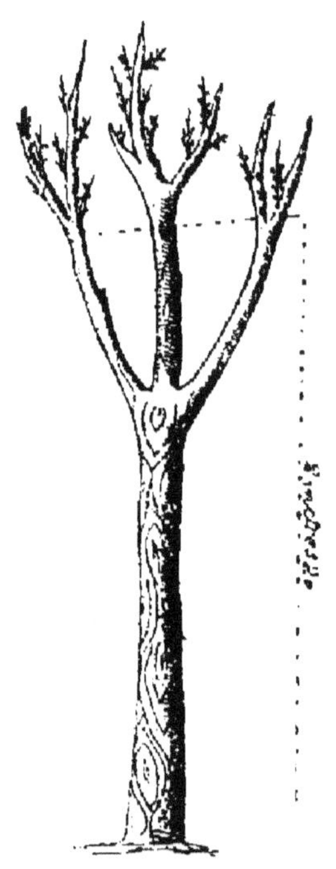

Fig. 8. — Tige ramifiée.

une hauteur totale de 2^m10 à 2^m20 du pied
à l'extrémité de la tige ainsi ramifiée.

Ces branches seront complètement émon-
dées, dans l'année qui précèdera la vente
ou la mise en place; on ajouterait encore à la

valeur de l'arbre, en choisissant de préférence les sujets dont la grosseur du pied est une garantie de solidité.

Il n'est pas nécessaire que les arbres soient irréprochablement droits ; on peut obtenir un pommier droit, avec une ente courbe, si l'on prend soin d'exposer le côté de la courbe aux vents d'ouest. Le grossissement de la tige contribuera aussi à redresser l'arbre, dans une large mesure.

DISTANCE A OBSERVER

ENTRE CHAQUE POMMIER

La distance entre chaque pommier varie suivant la qualité du sol destiné à la plantation. Elle sera de 12 à 14 mètres en bon terrain, de 10 à 12 seulement dans une terre de seconde classe. Ces distances auront pour effet de conserver à l'herbage l'air et le soleil dont il a besoin.

AVANTAGES DU QUINCONCE

ET DU TRAIT CARRÉ

Les deux modes de plantation, en quinconce

et en trait carré, sont tous deux d'une application excellente et pratique.

Cependant lorsqu'il faudra se préoccuper du
remplacement des pommiers devenus vieux,

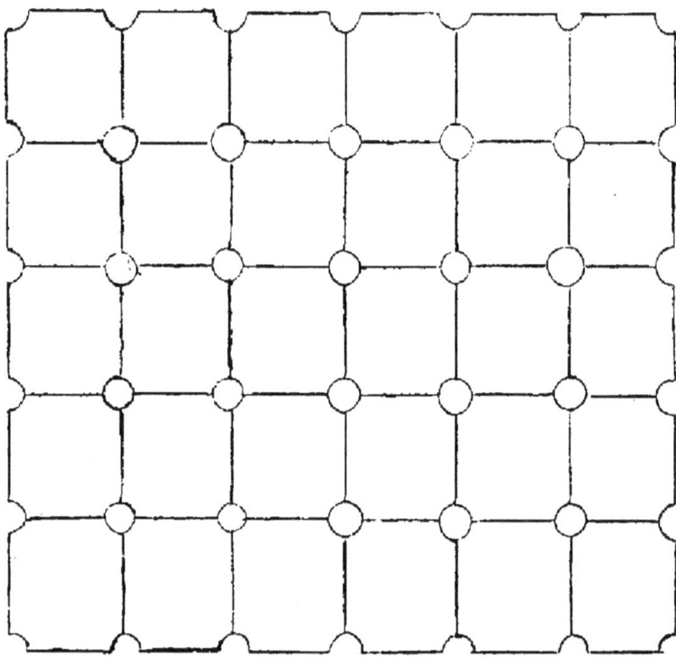

Fig. 9. — Trait carré.

la plantation au trait carré présentera l'avantage de laisser au nouveau plant plus d'air et
d'espace. (Voir la fig. 9).

Dans le trait carré, le remplacement se fait

au milieu de quatre pommiers à égale distance ;
dans le quinconce, l'arbre nouveau se trouve
au milieu de quatre arbres, mais plus rappro-
ché des deux qui sont en ligne perpendiculaire

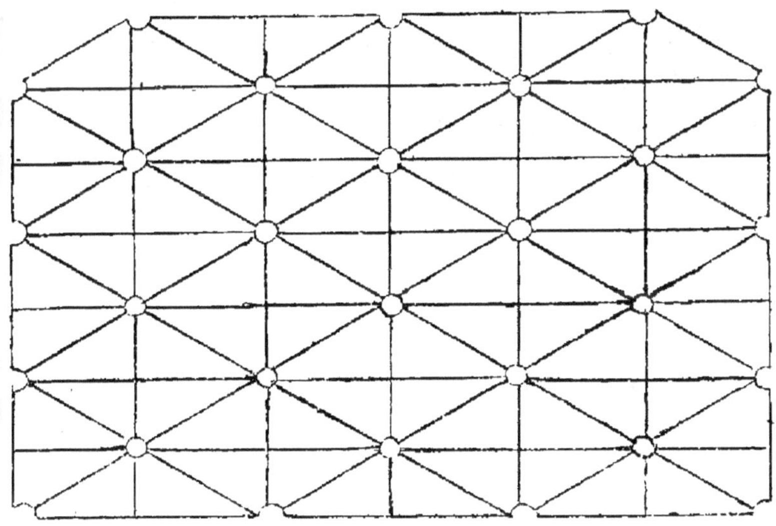

FIG. 10. — Quinconce.

que des deux autres qui sont en ligne oblique.
(Voir la fig. 10.)

Le remplacement ainsi fait a l'avantage
d'assurer un rendement régulier et ininter-
rompu ; mais il en est de la culture du pommier, comme des autres cultures, elle fatigue
la terre, c'est-à-dire que le pommier enlève

au sol les éléments qui sont propres à sa nutrition, et il serait possible que la deuxième plantation fût moins fructueuse que la précédente.

Pour éviter toute déception, il conviendrait de constituer, à l'avance, soit dans un herbage, soit dans une terre à culture, une nouvelle plantation, qui arriverait à produire des récoltes suffisantes, pour remplacer le premier plant au moment de sa disparition.

PLANTATION DES POMMIERS

DANS L'HERBAGE OU DANS LA CULTURE

Lorsqu'on effectuera une plantation, il sera indispensable de tenir le plus grand compte du tassement, qui se produit dans les terrains nouvellement remués. La proportion de ce tassement est d'un quart du défoncement, si l'on plante immédiatement après ; elle ne sera que d'un cinquième ou d'un sixième si la plantation n'a lieu qu'au bout de huit ou quinze jours, surtout s'il est tombé de l'eau.

Le pommier, comme tous les autres arbres, se plante à la surface du sol, et si l'on ne prévoyait cette loi du tassement, l'arbre suivant le mouvement du terrain, les racines se trouveraient trop profondément enterrées ; il en résulterait que celles-ci pousseraient en remontant vers la surface du sol, cherchant la couche de terre échauffée par le soleil, fertilisée par la pluie et les déjections des animaux. La plantation, à la surface du sol, donne aux racines leur disposition naturelle et facilite leur développement. Dans ces conditions, l'arbre résistera mieux aux vents.

DE LA PRÉPARATION DES TROUS

DESTINÉS A RECEVOIR LE POMMIER

Le trou destiné à la plantation du pommier aura 2 mètres de diamètre au minimum ; s'il y a de la tourbe ou gazon qui le recouvre, on lèvera cette tourbe de 0^m12 à 0^m15 d'épaisseur, pour la déposer en quatre parties égales sur les lignes principales, toute la terre végétale sera mise entre ces quatre parties ; les tourbes

remises sous le pied de l'arbre avant la plantation ne causeront plus de gêne pour l'aligne-
ment. Le sous-sol sera ensuite défoncé de 0^m30
sur toute la largeur du trou, pour égoutter
la surface et donner aux racines la faculté de
mieux pénétrer dans le sol ; cette terre sera
laissée au fond du trou et ne devra jamais
être mélangée à la terre arable ; puis elle sera
recouverte des tourbes hachées, placées sous
le pied de l'arbre mis à la hauteur qu'il devra
conserver, en tenant compte des effets du tassement.

L'arbre sera planté en distançant ses racines entre elles, avec une légère inclinai-
son de haut en bas. Elles seront recouvertes
d'une couche de terre fine et bien tassée,
ne laissant subsister aucun vide, et d'une
brouettée de marne étendue avec soin. Il serait
bon, sans que cela soit indispensable, de placer sur la couche de marne trois ou quatre
bottes de joncs-marins ou ronces, non sur les
racines, mais au pourtour du trou.

Puis on met successivement une couche de
terre et une couche de marne, jusqu'à complet
nivellement du trou. Deux brouettées de

marne sont indispensables pour cette opération, surtout si elle est faite dans une terre
argileuse.

On réservera au pied de l'arbre, pendant
l'été, une cuvette de 0ᵐ50 de diamètre, ou 0ᵐ25
de rayon; elle retiendra l'eau un certain temps,
et empêchera la formation des fourmilières
contre le pied de l'arbre.

Le travail des fourmis a le grave inconvénient d'écarter la terre des racines, de les
mettre en contact avec l'air, et d'entraver leur
reprise.

Une autre méthode, celle de motter les
jeunes pommiers, offre également de sérieux
avantages; mais, pour qu'elle donne tous ses
effets, elle doit être faite avec le plus grand
soin. Les tourbes de gazon seront prises au-
tour du trou; elles seront mises à champ en
piles obliques formant couronne, ayant la
forme d'une pile de pièces de 5 fr. renversée,
dont l'extrémité supérieure s'appuierait vers la
tige de l'arbre; on égalise le pourtour de la
motte, puis l'on creuse son sommet en cuvette
sur toute la largeur de la motte.

Toute la quantité d'eau qui tombe sur le

diamètre de la motte, d'environ **2** mètres, profite ainsi aux racines de l'arbre. Avant le mottage, il serait utile de répandre une brouettée de fumier sur la surface du trou, et de l'enterrer au moyen d'un léger binage. **La** fumure est, en effet, aussi indispensable aux arbres fruitiers qu'aux céréales, et c'est grâce à elle qu'on peut arriver à fixer des récoltes continues et abondantes.

ARMURE DES JEUNES POMMIERS

Si les sujets plantés sont bien *corsés* et pas trop hauts de tige, ils seront en mesure de résister aux vents ; mais il sera toujours nécessaire de les protéger contre l'atteinte des bestiaux.

Une expérience déjà longue me permet de recommander l'armure suivante comme réunissant les conditions désirables de solidité et de bon marché.

L'arbre sera d'abord entouré de trois torches en paille bien tordue. ou. ce qui est préférable, en tresse de paille récoltée un peu avant maturité complète et tressée en quatre cordons. La tresse ainsi faite doit avoir environ 6 centimè tres de largeur, sur une épaisseur de 12 à 15 millimètres. Ces trois tresses ayant double tour, bien serrées sur l'arbre, sont fixées à la même hauteur que les trois grands clous dont il sera parlé plus loin; elles sont retenues avec un fil de fer recuit n° 8. On aura préalablement préparé quatre latteaux en sapin rouge sans nœud, dit bois de menuiserie, ayant

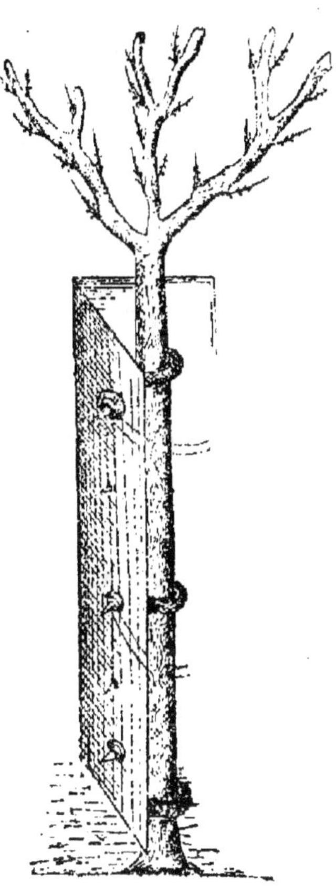

FIG 11.

1ᵐ66 de longueur, sur une largeur de 8 centimètres, et une épaisseur de 12 millimètres.

Ces latteaux sont armés de cinq clous à tête

plate, dont trois plus grands, ayant 6 centimètres de longueur, sont fixés vers le milieu du latteau, et ainsi espacés : le premier, à 10 centimètres du haut, le second, à 25 centimètres du bas, et le troisième, au milieu des deux premiers ; les deux plus petits clous ayant 5 centimètres de longueur sont placés entre les grands.

On applique alors les quatre latteaux qu'on retient et qu'on serre avec une corde, ayant à une extrémité un anneau en fer formant nœud coulant ; c'est alors qu'on fixe ces latteaux avec un fil de fer galvanisé n° 12 en ayant soin de faire un tour sur chaque grand clou, ce qui empêchera les latteaux de se déplacer. Cette ligature étant ainsi faite sur les trois grands clous qui se trouvent eux-mêmes appuyés sur les trois tresses, l'armure présente toute la solidité désirable, et peut durer très longtemps.

Le point le plus délicat de cette armure, est la fixation de la tresse sur l'arbre ; elle doit être bien serrée au premier tour, afin que l'armure ne puisse tourner ; on pourrait aussi empêcher la déviation, en mettant les latteaux légèrement en terre, mais je trouve préférable de l'éviter en fixant bien la tresse.

Cette armure n'empêche pas la surveillance de la tige, ni la circulation de l'air, et ne peut occasionner aucune brûlure pendant les grandes chaleurs ; son prix de revient est d'environ 1 fr. 50 toute posée.

Nota. — Pour commander les latteaux de ces armures, il conviendrait de choisir les échantillons de bois ne présentant aucune perte, savoir :

Le bastin de 3^m33 cent. de longueur, débité de trois haut traits sur un bas trait, coupé ensuite à la moitié de la longueur, donne seize latteaux de 1^m66 de longueur sur 8 centimètres de largeur, et environ 12 millimètres d'épaisseur.

Sauf variation des prix, le bastin de 3^m33 de longueur coûte environ :

En sapin rouge de menuiserie . . . . 2 fr. 20
Le sciage coûte environ . . . . » 30
pris à la scierie à Dieppe.

Total, pour 16 latteaux. . . . 2 fr. 50

SOINS A DONNER DANS L'HERBAGE

AUX JEUNES POMMIERS

Les jeunes pommiers doivent être cultivés quelques années encore après leur plantation, car leurs racines ne se développent facilement que dans un terrain toujours ameubli.

Après trois ou quatre ans de plantation, les racines buttent contre la paroi du trou qu'elles pénètrent avec difficulté.

On facilitera leur extension en faisant circulairement une fouiture de 30 centimètres de profondeur, sur 50 centimètres de large, à partir de la ligne extérieure du trou de plantation et en y ajoutant une fumure.

Après 3 ou 4 autres années on peut encore donner aux plants de nouveaux soins; l'on entoure successivement chaque pommier d'un parc composé de huit claies. Des pommes de terre, des grains de vesce sont introduits dans des trous creusés à la houe, puis la tourbe est replacée soigneusement sur chacun d'eux. Deux ou trois porcs peu nourris sont ensuite introduits dans le parc, dont ils retournent la surface, avec d'autant plus d'ardeur, qu'ils y cherchent la nourriture enfouie dans le sol. Ils détruisent en même temps les mauvaises herbes sans endommager les racines de l'arbre.

La tourbe soulevée par les affouillements des animaux est rassemblée et laissée au pied de l'arbre pendant la durée de l'hiver.

Aux mois de février ou mars, cette tourbe servira à recouvrir une légère couche de fumier, qui aura été répandue sur l'emplacement des racines.

Ce travail utile devra être effectué en automne ou au commencement de l'hiver jusqu'en février.

On facilitera encore la végétation des pommiers en pratiquant des arrosements d'engrais liquide, pendant le cours de la végétation active, de mai en juin, et même jusqu'en août, mais ces deux premiers mois sont les plus avantageux. On peut employer, à cet effet, les égouts de fumier qui sont trop souvent perdus, en les additionnant d'eau, pour éviter qu'ils ne brûlent l'herbe.

DU NETTOYAGE DU POMMIER

Le nettoyage est un des soins les plus importants à donner au pommier.

Il est indispensable d'enlever les lichens et les mousses qui poussent sur les tiges. Ils gagneraient les branches et ils retiendraient l'humidité qui, en se congelant, détruirait les lambourdes pendant l'hiver.

Sans cette précaution, les insectes, destructeurs des fleurs et des boutons, vivraient sous la mousse et dans les écailles de la couche corticale, prêts à dévorer, au printemps, les fleurs, ou plutôt les organes sexuels de celles-ci. En outre, lorsque les boutons à fleurs sont près de s'ouvrir, les oiseaux, attirés par ces insectes, viennent les manger, et détruisent aussi une certaine quantité de fleurs,

Le nettoyage devra être fait par un temps humide ; ce qui permettra de détacher au moindre frottement, avec une brosse de chiendent ou un tampon de paille, ces végétations parasites.

Lorsque le pommier vieillit, la peau se fendille ou s'écaille, et permet aux insectes de déposer leurs œufs dans ces interstices pour l'éclosion au printemps. Il convient donc de supprimer ces germes destructeurs, en grattant les écailles du pommier, lorsqu'elles auront été amollies par l'humidité.

A la suite de ce grattage, il serait bon de laver l'arbre avec une brosse, et de la nicotine pure (jus de tabac) ou du savon vert. Ce

lavage devra être fait pendant le repos de la
végétation de décembre à février, pour détruire ces parasites qu'on n'aurait pu atteindre
par le grattage. On emploiera à cet usage,
soit le grattoir de plâtrier, soit la bêche ou
la râclette.

DE LA FORME A DONNER

AUX POMMIERS PAR LA TAILLE

C'est une erreur généralement répandue de
croire qu'il est bon de tailler les pommiers
dans leur jeunesse, afin de mieux diriger les
branches, et de leur donner une forme plus
élégante. Une longue et sérieuse observation
m'a démontré qu'il est préférable de laisser
le pommier livré à lui-même, que toute direction et toute taille sont plutôt nuisibles que
profitables. L'arbre est déjà naturellement
exposé à se fendre sous le poids des fruits, au
moment où il commence à donner d'abondantes récoltes. L'expérience semble prouver
que cet inconvénient se produirait plus facile-

ment encore, s'il avait reçu une direction de la main de l'homme.

Dans ma jeunesse, j'ai taillé, suivant l'habitude, les jeunes pommiers pour leur donner une bonne direction, pour équilibrer les branches et faire circuler l'air au milieu d'elles. Pendant nombre d'années, j'ai obtenu pleine satisfaction, mais j'ai constaté plus tard que la charge des récoltes abondantes, en abaissant la tête presque horizontalement, fait éclater ou casser les grosses branches, ce qui arrive moins souvent dans les arbres abandonnés à eux-mêmes. Il se trouve presque toujours des branches qui s'emportent et forment la tête de l'arbre avec leurs ramifications en forme de pyramide. De cette manière, les branches s'abaissent l'une sur l'autre, et ne cassent que partiellement ; les branches mères qui ont la position verticale ne se brisent pas ; il est donc absolument inutile de faire à l'arbre des plaies qu'il ne peut recouvrir.

Par exception, pour éviter les chancres occasionnés par le frottement, on supprimera dans les branches qui se croisent, la partie supérieure au-dessous du croisement de la plus faible, ou la moins bien placée d'entre elles.

DU REGREFFAGE DES POMMIERS AGÉS

Lorsqu'une variété de pommes cesse de produire, soit par l'effet des gelées, soit par la rigueur de notre climat, et que les arbres sont encore en pleine vigueur, il serait utile de chercher les moyens de les conserver, au lieu de les remplacer par un jeune plant.

Cette question s'impose à l'examen, car nous avons vu à peu près disparaître des espèces renommées soit pour la qualité du cidre, soit pour l'abondance du produit, telles que le Vagnon, le Jaunet et la Peau de Vache. On pourra, dans ce but, tenter le regreffage des vieux pommiers, avec des greffes dont la végétation aura lieu en même temps que celle de ces derniers. La méthode qui consiste à rabattre les pommiers très court sur les branches de premier et de second ordre, et à ne laisser qu'une branche faible pour soutenir la végétation de l'arbre, est défectueuse, et doit être abandonnée; elle détermine fatalement la mort du sujet.

Pour réussir, l'opération doit se faire partiellement ; la greffe s'appliquera aux deux
tiers des branches environ, à la moitié de
leur longueur, en laissant tout le reste. Si
elle réussit, on greffera, l'année suivante, les
branches les plus fortes que l'on avait gar-
dées pour entretenir la vie du pommier et
dont la suppression causerait des plaies trop
importantes.

Les branches non greffées ne seront suppri-
mées que trois ou quatre ans après, et l'on
aura soin, lorsqu'elles toucheront le tronc de
l'arbre, de les couper à une longueur de trente
centimètres environ, pour
éviter la carie.

Ces onglés donneront
naissance à quelques ra-
meaux qui devront être
éclaircis, afin de ne pas
nuire à la prospérité des
greffes.

Les grosses branches
devront porter quatre
greffes pour hâter la ci-
catrisation de la plaie.
(Voir fig. 12).

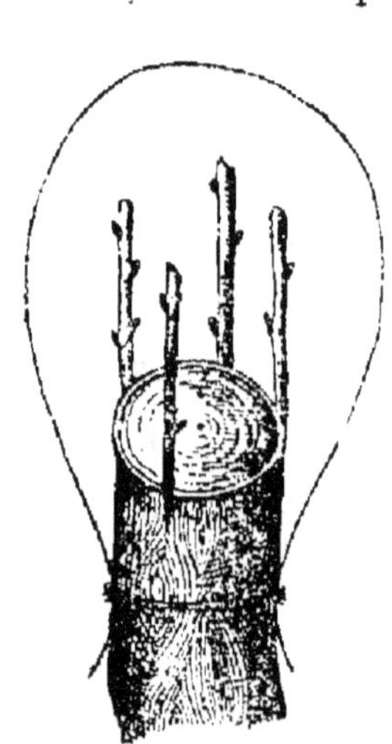

Fig. 12. — Greffe en cou-
ronne.

La greffe en couronne perfectionnée
(Dubreuil) doit être préférée pour cette opération; au lieu de lever les deux côtés de
l'écorce, comme pour la greffe ordinaire, il
suffira d'en soulever un seul et d'y introduire la greffe comme celle en couronne déjà
indiquée, avec cette différence que l'un des
côtés de la taille est légèrement incisé du côté
qui s'appliquera contre l'écorce restée fixe.
La ligature et le masticage se font comme
dans la greffe ordinaire.

DU GUI

Un arrêté préfectoral prescrit la destruction
du gui, mais il reste inappliqué. Ce parasite,
d'ailleurs très difficile à détruire, continue à
infester les pommiers. Il serait cependant de
l'intérêt des cultivateurs de veiller à la stricte
application de cet arrêté.

Le gui vit aux dépens du pommier, il perce
l'écorce et s'enracine jusque dans les vaisseaux
du bois ligneux. Si sa végétation persistante
épuise l'arbre pendant toute l'année, c'est particulièrement en hiver et au moment de la

floraison, lorsque la sève n'est jamais trop abondante, que le gui lui porte le plus de préjudice.

L'ablation de la branche au-dessous de la plante, est le seul moyen radical d'empêcher la propagation du gui. Mais, si la branche est grosse, il faudra se contenter d'enlever le parasite, et prendre soin, en l'arrachant, d'endommager le moins possible l'écorce de la branche, pour éviter que la sève, attirée par la blessure, ne fournisse un nouvel aliment aux quelques racines restées dans la plaie. L'enlèvement de cette plante sera fait en hiver, lorsque les feuilles tombées permettront de la mieux apercevoir. Elle sera recueillie avec soin pour en éviter la propagation, et donnée immédiatement aux bestiaux qui la mangent volontiers. Mais, la destruction ne saurait être efficace et complète que si tous les propriétaires y étaient rigoureusement astreints. Il serait désirable que des procès-verbaux fussent dressés contre ceux qui ne se conforment point à cette obligation.

DE L'ÉLAGAGE DES POMMIERS

Une des clauses les plus fréquemment insérées dans les baux de notre contrée, accorde au preneur les produits de l'élagage des pommiers.

Cette clause renferme l'une des erreurs les plus funestes au développement et à la prospérité du plant. Elle devrait être remplacée par une interdiction absolue, pour le preneur, comme pour le bailleur, de procéder à aucun élagage.

Il est constant, en effet, que l'arbre ne peut recouvrir les plaies produites par l'enlèvement des branches près du tronc, et que le produit tiré de l'élagage serait illusoire, comparé à l'atteinte portée à la production et à la longévité du pommier.

S'il est indispensable, par exception, d'enlever quelques branches, elles seront coupées au-dessus de ramifications existantes, et aussi loin du tronc que possible.

En dehors de ces cas fort rares, l'élagage devra exclusivement être limité à l'enlèvement de l'extrémité des branches courbées trop près de terre, par le poids de la récolte, et qui pourraient être atteintes par les animaux. L'opération s'effectuera au moyen d'un sécateur à haies.

DEGRÉ DE PRODUCTION DU POMMIER

Le pommier vit facilement un siècle, mais il ne commence à donner des récoltes appréciables que dix ans après sa plantation, parce qu'on le plante généralement trop faible. De dix à cinquante ans, sa production est moins élevée et de moins bonne qualité que pendant la seconde moitié de son existence ; mais, dans les diverses époques de son développement, son rendement sera d'autant meilleur qu'il aura reçu des soins plus intelligents, mieux appropriés à la culture, soit au moment de la plantation, soit pendant sa croissance. Si l'on avait choisi pour la plantation, des arbres élevés à de grandes distances en pépinière, ayant 0^m16 à 0^m18 de grosseur à 1 mètre du sol, la production se ferait moins attendre. En observant ces recommandations élémentaires, on ne serait pas obligé d'attendre aussi longtemps pour réaliser les premières récoltes.

L'expérience démontre que le produit d'un plant conduit avec sagesse, discernement et établi sur le pied d'une pleine récolte tous les deux ans devra donner les résultats suivants :

Nous allons diviser, en deux grandes périodes, la production du pommier; la première depuis l'âge de 10 ans jusqu'à 50 ans, divisée ainsi qu'il suit :

SAVOIR :

De 10 à 20 ans 1 hect. mult. par 5 récoltes = 5 hect.
De 20 à 30 ans 2 — par 5 — = 10 —
De 30 à 40 ans 4 — par 5 — = 20 —
De 40 à 50 ans 6 — par 5 — = 30 —
____
La première période aura donc produit   65 hect.

Dans la deuxième période, depuis l'âge de 50 ans jusqu'à 100 ans, le produit moyen sera de 6 hectolitres tous les 2 ans, soit 25 ans × 6 hectol. = 150 hectol. La différence entre ces deux grandes périodes de la vie de l'arbre, est en faveur de la seconde pour une différence de 85 hectolitres.

Il résulte de ce tableau que la production augmente en proportion de l'âge du plant.

Les soins apportés à la culture du pommier assureront sa longévité, et par cela même son maximum de rendement.

Les deux périodes réunies donnent 215 hec-

tolitres de pommes par arbre pour une période
d'un siècle ; si l'hectare planté de pommiers
à 12 mètres de distance entre eux, contient 83
sujets et si 70 seulement d'entre eux arrivent
à un très bon développement et donnent la
moyenne indiquée par le tableau ci-dessus, soit
215 hectolitres par chacun, on obtiendra le
produit suivant:

215 hectol. $\times$ 70 = 15,050 hectol. à 2 fr.
l'hectol ; produit, 30,100 fr. pour un hectare pendant un siècle, c'est-à-dire plus de dix
fois la valeur de la terre, sans culture spéciale
et avec très peu de main d'œuvre, sans préjudice appréciable pour l'herbage qui produit
son rendement en herbe.

Tout cela démontre très clairement qu'il est
possible d'augmenter sérieusement la fortune
publique dans les contrées où la culture du
pommier est aussi avantageuse.

En résumé, parmi les procédés de culture
qui permettront d'obtenir plus efficacement ces
excellents résultats, on doit donner une place
toute particulière au choix du sujet élevé à
grande distance, au système de la greffe, à
la plantation, et à l'absence d'élagage pério-
dique.

RÉCOLTE DES POMMES

Il est regrettable que certains agriculteurs fassent la récolte des pommes en une seule fois, sans tenir compte de l'époque différente à laquelle chaque espèce arrive à la maturité. C'est d'elle, en effet, que dépendent le poids, le volume des fruits, et la bonne qualité du cidre.

Pour faciliter la récolte des différentes espèces, il serait bon, au moment de la plantation, de faire suivre par ligne d'abord les variétés précoces, puis celles de la seconde saison, enfin celles de la troisième. La surveillance deviendra ainsi très aisée au moment de la récolte. Si, au contraire, les variétés n'ont pas été mises par saison, le cultivateur aura à rechercher et à marquer chacun des arbres pour en recueillir les fruits au moment opportun.

S'il ne prenait pas lui-même cette précaution, il devrait s'en rapporter à l'ouvrier, chargé de ce travail à raison d'un prix convenu par hectolitre, et qui, a tout intérêt à effectuer la récolte le plus vite possible, sans se préoccuper du degré de maturité de chaque espèce.

Si le fruit est récolté avant qu'il ne soit complètement mûr, il perd en grosseur, en poids et en qualité. Il ne faut pas s'effrayer, lors qu'il y a abondance, d'en voir tomber avant maturité; ce sont des fruits véreux ou incomplets, manquant toujours de qualité, qu'on peut ramasser pour faire de la boisson, pour la consommation immédiate, ou pour bouillir.

Il y a tout avantage à fabriquer l'eau-de-vie de cidre chez soi ; on est certain ainsi de l'avoir sans mélange d'alcools de mauvaises provenances, et, sans débours ; mais il ne faudrait pas laisser pendant un an et plus, séjourner cette eau-de-vie de cidre dans les fûts, car elle pourrait les détériorer.

Quand les pommes sont récoltées, lorsqu'on les met en magasin, il faudra les placer à l'abri des pluies et de l'humidité du sol, en tas peu élevés de 60 à 80 centimètres, l'épaisseur des tas pouvant déterminer une fermentation. Il serait utile de mettre un peu de paille longue sur les tas, sans la presser, (10 à 12 centimètres d'épaisseur, selon la hauteur du

tas); c'est surtout sur les pommes de troisième saison que cette paille, est nécessaire ;
elle a pour effet de recueillir l'évaporation des
pommes et d'empêcher la gelée de les détériorer; mais si elle était mise en trop grande
quantité elle s'affaisserait sous l'action de
l'évaporation et au lieu de laisser circuler
l'air, elle contribuerait elle-même à activer la
fermentation.

La conservation des pommes les plus tar-
dives, serait rendue facile par l'emmagasinage
dans un grenier ayant son aire en terre, couvert en chaume, s'il est possible.

Si le cultivateur recueille ses pommes sans
tenir compte de ces observations importantes,
il verra diminuer ses profits, qu'il vende soit
au poids, soit à la mesure, puisqu'il livrera
des pommes qui n'auront pas acquis tout leur
développement ni toutes leurs qualités.

Cet inconvénient n'est pas le seul à signaler,
il en est un plus grave encore : c'est de mélanger les fruits d'une maturité différente, qui
doivent être livrés à l'exportation.

Nous serons exposés à perdre le marché de
l'exportation en fournissant aux acheteurs
étrangers des fruits qui ne donneraient qu'une

ic

boisson de qualité inférieure. D'autres régions, plus soucieuses de leurs intérêts, nous enlèveraient ces débouchés en livrant des pommes saines, triées et récoltées en temps opportun. Il serait également désirable dans l'intérêt du commerce des pommes, que les cultivateurs, les pépinièristes et les propriétaires apportassent plus de discernement dans le choix des espèces à cultiver.

Les espèces les plus renommées ont disparu tour à tour, et avant que l'expérience ait démontré suffisamment quelles sont celles qu'il importe de retenir parmi les variétés anciennes et nouvelles, il en est quelques-unes qui peuvent être recommandées provisoirement,

SAVOIR :

1re SAISON

Blanc Mollet, — Densité, 1,075 = 10 baumé.
Maturité septembre octobre.
Floraison du 1er au 10 mai.

ANALYSE PAR 1 KIL. DE JUS.

Sucre alcoolisable.	180 g.	
Tanin	4	61
Mucilage	9	
Acidité	1	07

Reine des hâtives. — Densité, 1,092 = 12 Baumé.
Maturité septembre octobre.
Floraison fin avril.

Sucre alcoolisable. 223 g.		
Tanin	4	13
Mucilage.	10	
Acidité.	1	07

Muscadet hâtif ou gros. —
Densité, 1,063 = 8,5 Baumé.
Maturité octobre.
Floraison mi mai.

Sucre alcoolisable. 160		
Tanin	2	41
Mucilage.	5	
Acidité.	1	07

Saint-Laurent. — Densité, 1,079 = 10,5 Baumé.
Maturité octobre.

Sucre alcoolisable. 183		
Tanin	5	51
Mucilage.	9	
Acidité.	1	07

2ᵉ SAISON

Muscadet rouge synonyme Antoinette. — Densité, 1,076 = 10,1 Baumé.
Maturité fin octobre novem.
Fl. commencement de mai.

Sucre alcoolisable. 175		
Tanin	2	06
Mucilage.	7	
Acidité.	1	07

Amer doux. — Densité, 1,072 = 9,8 Baumé.
Maturité fin oct. nov.
Fl. commencement de mai.

Sucre alcoolisable. 170		
Tanin	4	
Mucilage.	8	
Acidité.	1	07

Petit Amer de Bray. — Densité, 1,063 = 8,3 Baumé.
Maturité novembre.

Sucre alcoolisable. 153		
Tanin	2	
Acidité.	1	07

Doux Évêque. — Densité, 1,075 = 10 Baumé.
Maturité octobre novembre.
Floraison fin mai.

Sucre alcoolisable. 176		
Tanin	5	18
Mucilage.	13	
Acidité.	1	07

Doux Véret. — Densité, 1,068 = 9 baumé.
Maturité octobre novembre.

Sucre alcoolisable.	153	
Tanin	3	44
Acidité.	1	07

3ᵉ SAISON

Argile rouge, — Densité, 1,075 = 10 baumé.
Maturité nov., déc.
Fl. commencement de mai.

Sucre alcoolisable.	175	
Tanin	1	37
Mucilage.	15	
Acidité.	0	92

Amère de Berthecourt. — Densité, 1,078 = 10,3 baumé.
Floraison fin mai.

Sucre alcoolisable.	181	
Tanin	5	51
Mucilage.	10	
Acidité	1	07

Martin Fessart. — Densité, 1,075 à 1,082 = 10 à 11 baumé.
Maturité novembre décem.
Fl. commencement de mai.

Sucre alcoolisable.	175	
Tanin	6	95
Mucilage.	12	20
Acidité.	1	07

Rouget (synonyme pomme à glancs). — Densité, 1,075 à 1,091 = 10 à 12 baumé.
Maturité 1ʳᵉ quinzaine déc.
Floraison fin mai.

Sucre alcoolisable.	186	
Tanin	1	38
Mucilage.	12	
Acidité.	1	07

Bramtot. — Densité, 1,096 = 12,5 baumé.
Maturité 1ʳᵉ quinzaine déc.
Fl. du 10 au 15 mai.

Sucre alcoolisable.	226	
Tanin	6	
Mucilage.	12	
Acidité.	1	07

Rouge Avenel — Densité, 1,075 = 10 baumé.
Floraison fin mai.

Sucre alcoolisable.	173	
Tanin	5	51
Acidité.	1	22

Pomme Godard.—Densité, 1,080 = 10, 6 baumé. Maturité novembre.

- Sucre alcoolisable. 185
- Tanin 6
- Mucilage. 9
- Acidité. 1   07

Médaille d'Or. — Densité, 1,002 = 13,2 baumé. Maturité novembre.

- Sucre alcoolisable. . .
- Tanin   51
- Mucilage. 6
- Acidité. 1   43

Argile grise. — Densité, 1,075 = 10 baumé. Maturité 1re quinzaine déc.

- Sucre alcoolisable. 194
- Tanin 5   50
- Mucilage. . . . 15
- Acidité. 0   92

Farcy-Lacaille.— Densité, 1,075 à 1,081 = 10 à 10, 6 baumé. Maturité décembre.

- Sucre alcoolisable. 181
- Tanin 5
- Acidité. 2   14

Fréqnin-Lacaille. — Den- 1,078 à 1,086 = 10 à 12 baumé. Maturité décembre janvier. Flor. 1re semaine de juin.

- Tanin. . . . . 4 à 5
- Acidité. 1   71

Cette indication n'est qu'un guide provisoire des variétés rustiques, qu'on peut utilement cultiver, sans rien préjuger de l'avenir d'une grande quantité d'espèces nouvelles soumises aujourd'hui à l'étude.

DE L'EMPLOI DU MARC DE POMME

COMME ENGRAIS

Il est très dangereux d'employer le marc

de pommes sans mélange, à moins de le répandre à la sortie de la presse en une couche très faible et bien divisée sur toute la surface de l'herbage. Cette couche ne devra pas recouvrir entièrement l'herbe ; elle aura pour effet de détruire momentanément la mousse et d'attirer les volailles qui recherchent les pépins.

Il serait préférable, pour tirer le meilleur parti du marc de pommes comme engrais, de le mélanger avec du fumier sortant de l'écurie ou de l'étable. On étendra d'abord une couche de fumier de 0^m03 d'épaisseur, puis par dessus une couche de marc de 0^m03 d'épaisseur, en continuant alternativement jusqu'à 0^m80 ou 1 mètre de hauteur.

Lorsque le tas ainsi composé aura 0^m30 de hauteur, on le pressera fortement, soit avec le pied, soit en y faisant marcher des chevaux pendant quelque temps.

On recommencera cette opération chaque fois que le monceau sera augmenté de 0^m20 à 0^m30.

Lorsqu'ainsi préparé, il aura atteint la hauteur de 0^m80, on pourra l'envelopper d'une couche de terre de 0^m10 environ. Cette terre s'enrichira de l'évaporation des gaz occasionnés par la fermentation.

Au mois de juillet ou d'août suivant, on fera bien de remuer toute cette couche en l'amoncelant le plus haut possible afin qu'elle prenne moins d'humidité pendant la saison des pluies d'automne.

Pour arriver à une division plus parfaite et pour rendre le terreau plus léger, il sera bon d'introduire, au cours de l'opération, une certaine quantité de chaux vive dans le mélange.

On pourra se servir de ce marc ainsi préparé pour la plantation des pommiers en novembre ou décembre, et pour leur fumure, comme il est dit à la page 40, ou enfin pour *terreauter* les herbages au mois de janvier ou février. Ce *terreautage* devra être étendu très clair.

DEUXIÈME PARTIE

DE LA PLANTATION DES ARBRES

DE HAUTE FUTAIE

Les principes applicables à l'établissement d'une pépinière de pommiers doivent être observés dans la formation de pépinières d'arbres de haute futaie. Le lecteur devra donc se reporter, pour l'ensemble des détails de cette opération, à la description complète qui en est donnée dans les chapitres précédents intitulés 1° *De la préparation du sol;* 2° *De la plantation d'une pépinière*. Il est utile cependant de rappeler que, si le temps manque pour la préparation du sol dans sa totalité, il suffira d'en défoncer un quart pour établir provisoirement la pépinière, dans de bonnes conditions.

Le plant sera choisi avec le plus grand soin dans le semis d'un an, il sera repiqué fin novembre ou décembre, si le terrain est sain et exempt d'humidité. Au contraire, s'il est humide, il serait préférable de faire les repiquages, en février ou mars, par le beau temps et dans une terre en bon état. De toutes les essences, le hêtre doit être repiqué le premier, autant que possible avant l'hiver. Le plant, bien serré dans la terre, doit être enfoui avec grand soin, et dans une exacte mesure, jusqu'au collet de la racine. Les lignes auront entre elles la distance de $0^m 45$ et les sujets seront placés à $0^m 20$ sur la ligne.

Lorsque le restant du terrain aura été entièrement préparé, toutes les lignes seront enlevées de leur emplacement provisoire, puis reportées sur le terrain complètement mis en état. Ces sujets seront déja forts et vigoureux; il sera donc essentiel de laisser de côté, ceux des plants qui seraient mal faits, et auraient une végétation médiocre.

MISE EN PLACE

ET SOINS A DONNER A LA PÉPINIÈRE

La pépinière définitivement établie, la distance entre les lignes sera de 0ᵐ90 et l'écartement de 0ᵐ60 entre les sujets, sur les lignes. Dans ces conditions, les arbres auront de l'avenir et deviendront robustes. Leur végétation se développera rapidement, s'ils sont l'objet de soins constants. Chaque année, en avril, après avoir reçu une légère fouiture, le terrain, pour être réchauffé, sera soumis à de fréquents ratissages . ce qui, pendant les grandes chaleurs les préservera du sec, en interceptant l'air.

Lorsqu'une ou plusieurs branches prendront trop d'empâtement sur la tige, il sera bon de les amoindrir le plus possible, c'est à dire de les empêcher de grossir davantage. Dans ce but, on ébourgeonnera toute pousse sur cette branche, moins un seul bourgeon à l'extrémité, et le plus petit possible, pour entretenir seulement la vie ; on l'éboutera chaque fois qu'il voudra pousser afin d'empêcher la branche de grossir,

Il arrive aussi que les branches étant trop agglomérées sur un même point oblitèrent la flèche ; il est bon dans ce cas, d'en supprimer une partie, pendant le repos de la végétation. Ce soin sera plus particulièrement donné au chêne, dont la végétation est plus intense. Il est nécessaire pour obtenir une flèche droite, que les branches latérales, généralement très multipliées le long de la tige, soient raccourcies et distancées dans une juste mesure, sans jamais les couper à ras du tronc. Car, pour assurer aux arbres leur plein développement, il sera utile de les laisser garnis de branches du haut en bas de la tige ; c'est grâce, en effet, à ces auxiliaires, qu'ils grossissent et se développent.

Nous avons déjà donné la distance à observer, dans la plantation, entre chaque sujet. Si ces indications n'étaient pas suivies, les arbres seraient étiolés et mal branchés ; ils pousseraient en hauteur, sans avoir le pied solide, et ils n'offriraient pas de résistance

aux vents. Leur écorce, attendrie par le manque de soleil, se dessècherait, lors de la plantation définitive et l'arbre mourrait.

L'écartement dans la plantation pourra, il
est vrai, produire des tiges moins droites,
mais il ne faut pas s'en effrayer ; ces courbes
disparaitront vite sous l'influence d'une bonne
végétation.

Il n'y a pas d'économie réelle à choisir des
sujets d'une qualité inférieure, et d'un prix
moins élevé ; leur reprise est plus difficile, et
leur croissance plus lente ; il faudrait remplacer
beaucoup d'entre eux qui succomberaient sous
l'influence des vents ou de la sécheresse,

Le propriétaire intelligent et soucieux de ses
intérêts, a donc avantage à choisir un plant,
élevé d'après la méthode de culture qui vient
d'être exposée ; c'est-à-dire, des arbres forts et
robustes, gros du pied, et d'une hauteur de
deux à trois mètres ; si, les frais de premier
établissement, sont plus considérables, ils
seront bientôt amplement compensés par
le développement rapide et la beauté du
plant.

DISTANCE A OBSERVER

DANS LA PLANTATION DÉFINITIVE DES ARBRES

DE HAUTE FUTAIE

Dans le pays de Caux, le fossé ou banquette est la clôture la plus employée et la plus avantageuse.

Les déblais de ce fossé devront être dressés en talus à une distance de 90 centimètres de la propriété voisine ; les talus qu'ils formeront auront 1^{m}30 de hauteur et 2^{m}20 de largeur à la base, et 1^{m}20 de largeur au sommet. Il ne faut planter sur le talus qu'une seule rangée d'arbres, à une distance moyenne de 1^{m}50 à 2 mètres entre eux et sur le milieu exact du sommet, pour que l'écart entre la ligne de bornage et le pied de l'arbre soit de 2 mètres, distance exigée par la loi. (Voir la fig. 13.)

Dans la pratique, le propriétaire cédant souvent au désir de placer sur le talus deux rangées d'arbres, donne au fossé des dimensions plus importantes. Il est préférable, dans l'intérêt du plant comme dans celui de la dépense, de se conformer aux indications qui précèdent et de mettre la deuxième ligne à pied ; cette combinaison obligera, pour que les arbres aient plus d'air, d'espacer à 3 mètres chaque sujet planté soit au sommet, soit au pied du fossé et de les placer dans un quinconce régulier.

Cet écart, en cas de création d'une double ligne à pied, sera porté à 4 mètres. On choisira de préférence, pour cet emploi, des arbres de 3 à 4 mètres de haut bien constitués ; ils seront ainsi moins dominés par les arbres plantés au sommet, et ils auront besoin moins longtemps d'être protégés contre les atteintes du bétail.

Pour créer des futaies importantes, il faudrait donner 5 ou 6 mètres d'écartement entre chaque arbre. Si cette distance paraît trop grande, et si le terrain n'est pas propre au pâturage, on pourrait combler ces vides en plantant dans un même trou, entre chaque ligne, une touffe de trois fortes charmilles. Cette essence, qui vient dans tous les terrains, est la plus productive de toutes les espèces de taillis. Ce taillis pourra être coupé par périodes de neuf à dix années.

DE L'ÉBRANCHAGE DES ARBRES

DE HAUTE FUTAIE

Les baux de ferme obligent le preneur à élaguer à son profit, tous les neuf ans, les arbres de haute futaie. Cette clause est identique à celle qui concerne les pommiers, et qui a été critiquée dans l'un des chapitres précédents. Elle doit également être blâmée, mais à un point de vue différent. Si, en effet, l'élagage du pommier doit être absolument interdit, celui des arbres de haute futaie est, au contraire, une mesure utile et indispensable à la prospérité de l'arbre. Mais elle doit être pratiquée avec intelligence et discernement. Or, le plus souvent, cette opération est exécutée par un ouvrier à la tâche, qui n'a d'autre souci que d'affirmer son travail et de prouver sa diligence, en abattant au hasard la plus grande quantité de bois possible. Il ne suffit pas, pour remédier à cette pratique défectu.u.sc, que le propriétaire désigne lui-même l'ouvrier, il faut qu'il le prenne à son compte et qu'il indique dans quelles conditions il sera procédé à l'élagage. Cette mission lui appartient en effet, car les arbres sont siens et lui doivent faire retour.

C'est lui qui souffrira dans ses intérêts, si du fait de l'élégage, ces arbres sont atteints, soit dans leur développement, soit dans leur vie. Le propriétaire devrait donc modifier cette clause, sauf à abandonner au fermier le produit de l'ébranchage fait suivant ses ordres. Les arbres de haute futaie représentent un gros capital, qui serait bientôt compromis, si les traditions, suivies à cet égard dans le pays de Caux, n'étaient profondément modifiées.

Il n'est point nécessaire d'être très versé dans la physiologie végétale, pour savoir que plus un arbre est fourni en feuilles, plus est grande sa puissance d'attraction sur la sève. La circulation constamment active des feuilles aux racines, détermine la grosseur et le développement de l'arbre, et provoque la naissance de nouvelles racines.

Il est dès lors facile, d'après ces données,

d'apprécier quel préjudice la méthode actuellement suivie porte à la prospérité de nos hautes futaies, et combien il est erroné de croire que plus on ébranche, plus l'arbre grandit et acquiert de valeur. Pour s'en rendre compte, il suffit de mesurer, deux années avant l'ébranchage, la circonférence d'un ou plusieurs arbres que l'on va ébrancher d'après la méthode suivie ordinairement, afin de savoir quel grossissement s'est opéré chaque année, et répéter ce mesurage dans les deux années qui suivent l'ébranchage.

DU MEILLEUR MODE D'ÉLAGAGE

Le délai de neuf ans, imposé dans les clauses de nos baux pour chaque ébranchage de nos arbres, est insuffisant pendant les vingt premières années de leur plantation. On ne saurait assigner aux soins que nécessite le jeune plant une époque fixe d'exécution. L'œil du maître en décidera, suivant les besoins de chaque sujet.

Les jeunes arbres ne seront soumis à la taille qu'après quatre ans de plantation, et l'on se bornera, au moyen d'un sécateur et d'une serpe, à diminuer la longueur des branches qui se développeraient outre mesure.

Plus les branches sont fortes, plus il importe d'en arrêter le grossissement, en les rescindant. Mais l'on réservera, au contraire, les longues branches encore minces et flexibles parce qu'elles garderont à l'arbre de nombreuses feuilles, et qu'elles ne sauraient altérer la croissance du sujet.

En résumé, pas de suppressions inutiles; aucune branche ne sera coupée au ras du tronc, ni même assez près de lui pour qu'elle soit en danger de mourir.

La branche sera toujours coupée au-dessus d'une petite ramification qui lui conservera la vie. Et si, par hasard, l'enlèvement de nombreux rameaux, poussés ensuite sur la branche ainsi coupée, ne suffisait pas à en arrêter le grossissement, il faudrait au bout de trois ou quatre ans, renouveller la section, au-dessous de ces rameaux, ou retirer ceux qui seraient les plus rapprochés du tronc.

Ces soins minutieux et répétés seront donnés à l'arbre jusqu'à ce qu'il ait atteint une hauteur de 12 à 15 mètres.

On laisse alors la tête se former en toute liberté, en empêchant que des branches trop grosses ne se développent sur la tige.

Ces précautions seront importantes, surtout pour les arbres qui servent de bordure à nos herbages et d'abri à nos pommiers.

Il en est autrement dans les grandes futaies dont les arbres agglomérés ne peuvent toujours conserver leurs branches saines.

Lorsqu'ils auront 12 ou 15 mètres de tige, on laissera la tête se former en toute liberté comme les autres; mais, par périodes de six années, on coupera sur chaque tige et au ras dn tronc, toutes les branches sur 2 ou 3 mètres de hauteur, de manière qu'en 4 ou 5 périodes, soit 24 ou 30 ans, on aura supprimé toutes les branches sur la tige, ce qui permettra à l'air et la lumière de pénétrer sous les arbres.

Lors de l'enlèvement des premières branches, il faudra égourmander celles qui sont situées immédiatement au-dessus afin de les empêcher de faire trop d'empâtement sur la tige, ce qui, lors de leur enlèvement, occasionnerait des grandes plaies, qu'il faut éviter avec soin, si l'on veut avoir des arbres beaux et très sains.

Il arrive souvent, pour les lignes en bordures, que les branches repoussent ; dans ce cas il faudra répéter l'ébranchage des bordures par périodes de six années au plus, sur toute la longueur du tronc.

Ce serait une erreur de croire qu'il est plus avantageux d'élever les tiges d'arbres très haut ; l'arbre ainsi élevé grossit très lentement.

DES HERBAGES

Pour créer un herbage neuf, il convient d'abord de s'assurer d'un réservoir d'eau suffisant pour l'alimentation du bétail qui doit l'habiter, soit environ 15 mètres cubes par hectare. Plus le réservoir sera grand, moins il se perdra d'eau proportionnellement par infiltration, ainsi que par l'air et le soleil, qui en évapore une certaine quantité. On devra planter des arbres pour ombrager les eaux qui seront alors plus saines et plus désaltérantes.

Si toutes les expositions sont bonnes, la pente vers le soleil est préférable dans les terrains froids et lourds ; au contraire dans les terres sèches et légères, la pente vers le nord est moins susceptible de griller pendant la sècheresse.

Toutes les fois qu'il sera possible, on devra avoir des herbages à plusieurs expositions, cela mettrait la récolte des pommes et celle de l'herbage, à peu près en équilibre ; il serait utile dans la pente vers le nord, afin que l'ombrage projeté soit moins intense, de planter les pommiers à une distance plus grande, soit deux mètres en plus de la distance ordinaire.

Pour le choix des graines, on fera bien de consulter un auteur spécial, car il ne m'appartient pas de traiter ce sujet. Je ne parlerai donc que de la mise en terre des graines.

ÉPOQUE DE L'ENSEMENCEMENT

DES HERBAGES

On peut ensemencer les herbages depuis le 1er avril jusqu'à la fin de septembre, selon que la terre est bien disposée, et la saison pas trop sèche ; mais la réussite est plus certaine en avril ou en août et septembre ; passé ce dernier délai, on s'exposerait à ce que, au prochain hiver, la gelée soulevant la terre, détruise une partie des herbes fines qui ne seraient pas encore assez enracinées ; le mois d'avril serait la meilleure saison, mais il serait encore préférable, si la terre n'était pas suffisamment propre, de la nettoyer par plusieurs petits labours successifs, de mois en mois par exemple, et de l'ensemencer après une pluie en août ; à cette époque, les nuits deviennent plus longues et plus humides, le dessèchement du sol est moins à craindre, et les herbes ont le temps de se développer suffisamment pour résister à un hiver rigoureux.

DE LA MISE EN TERRE

DES GRAINES POUR L'HERBAGE

Il n'est pas nécessaire de faire un labour neuf pour semer ces graines auxquelles une terre fine et serrée convient particulièrement. Un vieux labour est préférable, à la condition de le herser suffisamment avant la mise en terre.

On commence par semer les grosses graines en mélange, puis on herse à nouveau, on roule et on continue l'opération jusqu'à ce que la terre soit très fine. Sur le dernier roulage, on sème les petites graines en mélange, sur lesquelles on herse légèrement, et on termine par un roulage simple ou double.

Après un mois ou six semaines, quand l'herbe est développée de 10 à 12 centimètres, on fait un fauchage ou un pâturage par les moutons, afin de raccourcir les plus grandes herbes et de faire disparaître les mauvaises plantes annuelles qui gênent le développement des plus petites herbes ; si pourtant la saison était sèche, on pourrait faire pâturer par le gros bétail, mais il faut s'abstenir quand la terre est molle, surtout avant l'hiver ; l'eau séjournerait dans les trous faits par le piétinement des animaux et détruirait les jeunes herbes.

S'il y a huit à dix ans que la terre a été marnée, on fera bien de la marner en novembre, à raison de 50 à 60 mètres cubes à l'hectare, selon que la terre est plus ou moins lourde. Une fumure est également nécessaire pour faire réussir l'herbe, et la plantation des pommiers qui sera faite dans la première année de la création de l'herbage. Au mois de mars suivant, on fera bien de ramasser le reste de la fumure qui encombrerait l'herbe et empêcherait les bestiaux de la pâturer assez ras. Puis un roulage en avril tassera les herbes avec la terre, ce qui contribuera à bien garnir l'herbe et permettra aux eaux pluviales de se répandre également.

CLOTURE DE FOSSÉ AVEC TALUS

Pour les grands herbages, la clôture qui est préférable, dans le pays de Caux surtout, est sans contredit, le fossé surmonté d'un talus planté d'arbres de haute futaie.

Cette sorte de clôture entraîne évidemment une perte sensible d'herbage, mais cette diminution est compensée par l'absence d'entretien des clôtures et par l'abri des arbres ; ceux-ci doivent toujours être plantés à 2 mètres du bornage et occuper le milieu du talus. (voir figure ci-après.)

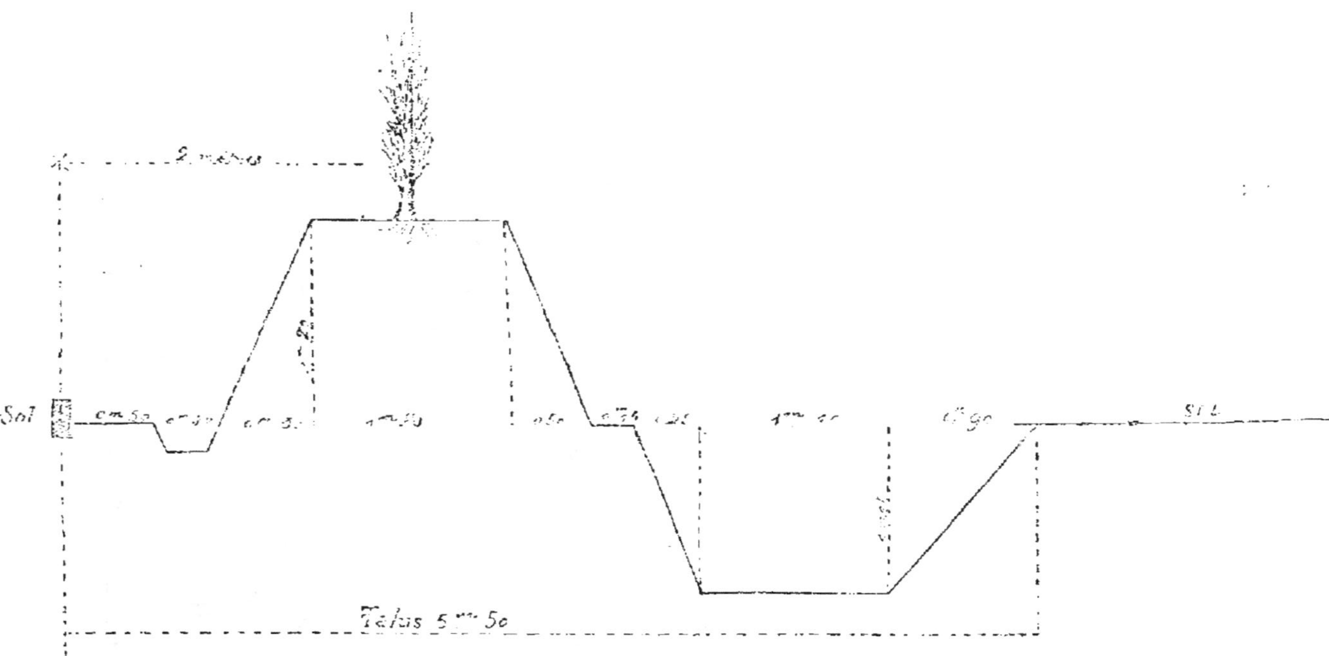

Fig. 13.

Pour exécuter cette clôture. on s'éloigne à 0^m90 de la borne. A partir de cette distance, on compte 2^m20 comme base du talus à élever. Il aura 1^m20 de hauteur sur 1^m20 de largeur au sommet. En creusant le fossé, on réservera à la base du talus (côté herbage) un patin de 0^m15, pour pour prévenir les éboulements.

A 0^m35 de l'extrémité du patin et sur une largeur de 1^m10. on creusera à plomb jusqu'à 1^m de profondeur. .

Puis on abattra en talus les 35 centimètres de terrain compris entre l'extrémité du patin et la paroi creusée à plomb.

Du côté de l'herbage, on prendra 0^m90 à partir de la paroi à plomb, pour établir une pente assez douce.

La terre du fossé servira à construire le talus qui sera semé d'herbe. Il en sera de même du fossé dans lequel les animaux pourront descendre et pâturer.

DES CLOTURES EN HAIES VIVES

Pour faire une bonne haie de défense, on

devra donner la préférence à l'épine, à cause de ses aiguillons qui la protègent contre la dent des bestiaux.

Les haies vives doivent être plantées à 50 centimètres du bornage et taillées une ou deux fois par an, une fois en hiver, et une fois en juin ou juillet. Lorsqu'elles ne sont pas vigoureuses, ou pendant les trois premières années, on ne les taille qu'une fois, et seulement en hiver, afin de ne pas supprimer la végétation.

PLANTATION DES HAIES VIVES

On commence par défoncer une tranchée de 80 centimètres de largeur, en ayant soin, comme dans toute plantation, de ne pas mélanger le sous-sol avec la terre végétale. Lorsque la terre végétale est enlevée, on défonce le sous-sol sans le déplacer, on remet la tourbe, s'il y en a, sur le sous-sol ainsi défoncé ; puis on plante avec la bonne terre.

Si le terrain est un peu humide et lourd, ou qu'il n'y ait pas beaucoup de bonne terre, on

fera un petit fossé surmonté d'un talus de 30
à 40 centimètres de haut ayant à sa base
1 mètre ou 1^m 10 centimètres, pour se terminer
par une largeur de 80 centimètres au sommet.
Ce talus a pour effet d'augmenter la couche
végétale, et de mettre les racines au-dessus
de l'humidité du sol; la haie sera moins
moussue et d'une végétation plus forte, l'épine
préférant un terrain sec et léger.

Quant au choix du plant, il est avantageux
de prendre un très beau baliveau, pouvant
être treillagé l'année de la plantation.

Pour soutenir cette haie et la rendre infran-
chissable immédiatement, on plantera dans
chaque angle un gros poteau de 15 centimètres de face, ayant trois ou quatre raci-
neaux; il faudrait qu'il dépassât le sol de
1^m 20, pour fixer sur ce poteau le fil de fer
galvanisé n° 18 ou 20, à 1^m 10 du sol.

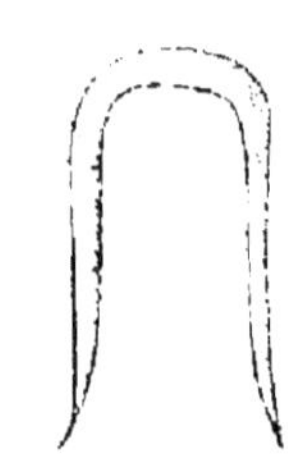

Fig. 14. — Crampon.

Chaque ligne qui aurait
plus de 100 mètres devrait
avoir un ou plusieurs po-
teaux du même genre que
ceux des coins, afin de diviser le tirage des raidisseur;
par centaine de mètres au

plus, on mettra, entre ces gros poteaux, des petits pieux d'un diamètre de 5 à 8 centimètres, en bois rond ou carré; on les distancera de 2 ou 3 mètres, puis on fixera un second fil de fer, à 60 centimètres du sol; ces fils de fer seront fixés aux petits pieux au moyen de crampons(fig. 14).

Lorsque la haie est treillagée, on l'attache contre le fil de fer du bas, puis on étête, on replie les épines de chaque côté du fil de fer supérieur.

Une haie ainsi faite avec du baliveau assez fort peut épargner au propriétaire les treillages ou barrages de protection.

FIN.

TABLE DES MATIÈRES

DEUXIÈME PARTIE :

ÉVREUX, IMPRIMERIE DE CHARLES HÉRISSEY